AF614590

ISBN 978-3-662-23722-9 ISBN 978-3-662-25821-7 (eBook)
DOI 10.1007/978-3-662-25821-7

Die in den Sitzungsberichten Abtlg. I und Abtlg. IIa der math.-nat. Klasse der Österr. Ak. d. Wiss. erscheinenden Abhandlungen werden auch einzeln abgegeben. Sie können durch jede Buchhandlung oder direkt durch die Auslieferungsstelle der Österreichischen Akademie der Wissenschaften (Wien I, Singerstraße 12) bezogen werden.

Nachfolgende Abhandlungen aus den Fächern **Geologie, Mineralogie** und **Geographie** sind erschienen:

1954 (S I Bd. 163):

Haberlandt H.: Lumineszenzuntersuchungen an Fluoriten und anderen Mineralien V (mit 1 Tafel). S 19.60

Hanselmayer J.: Beiträge zur Sedimentpetrographie der Grazer Umgebung IV. Der schwarze diluviale Hochflutlehm (Terrassenlehm) von Gleisdorf (mit 1 elektronenoptischen Aufnahme). S 6.20

Luithlen Helga: Kristallographische, optische und röntgenographische Untersuchungen von mehreren organischen Substanzen (mit 6 Textabbildungen). S 9.90

Osberger R.: Die Geologie des Sibumbungebirges, nebst Beschreibung der hier und in benachbarten Gebieten liegenden Erzvorkommen (Mittel-Sumatra) (mit 6 Textabbildungen und 4 Beilagen). S 42.—

Schmidt W. J.: Geologie und Erzführung der Chromitkonzession Basören (Anatolien) (mit 3 Textabbildungen und 1 Beilage). S 17.—

1955 (S I Bd. 164):

Cornelius-Furlani Marta: Beiträge zur Kenntnis der Schichtfolge und Tektonik der Lienzer Dolomiten (mit 4 Tafeln und 1 Blockstereogramm). S 16.80

Petraschek W. E. jun.: Großtektonik und Erzverteilung im mediterranen Kettensystem (mit 4 Textabbildungen). S 13.90

Pippan Therese: Geologisch-morphologische Untersuchungen im westlichen oberösterreichischen Grundgebirge (mit 1 Karte). S 17.40

Rosenberg G.: Einige Beobachtungen im Nordteil der Weyrer Struktur (Nördliche Kalkalpen und Klippenzone) (mit 1 Textabbildung). S 10.90

Rosenberg G.: Zur Deckengliederung in den östlichen Weyrer Bögen. Nördliche Kalkalpen (mit 1 Tafel). S 14.30

Sedlacek A. M.: Sande und Gesteine aus der Südlichen Lut und Persisch-Belutschistan (mit 7 Textabbildungen und 1 Tafel). S 34.10

1957 (S I Bd. 166):

Hanselmayer J.: Beiträge zur Sedimentpetrographie der Grazer Umgebung IX. Die Choneten-schiefer des Grazer Paläozoikums (mit 5 Tafeln). S 23.90

Neubauer W. H.: Die Südgrenze der Rhodopen. Ein Beitrag zur stratigraphischen Auflösung des Kristallins auf der Halbinsel Chalkidike (mit 5 Textabbildungen und 2 Beilagen). S 16.20

Scharbert H. G.: Die Grüngesteine der Großvenediger-Nordseite (Oberpinzgau, Salzburg) I (mit 4 Textabbildungen). S 19.80

1958 (S I Bd. 167):

Hanselmayer Josef: Beiträge zur Sedimentpetrographie der Grazer Umgebung X. Quarzporphyre aus den pannonischen Schottern von der Platte und von Laßnitzhöhe-Schemmerl (Steiermark) (mit 4 Abbildungen auf 2 Tafeln). S 17.50

Wiche Konrad: Ergebnisse klimamorphologischer Untersuchungen im Wienerwald (mit 2 Textabbildungen, 2 Tafeln und 1 Beilage). S 26.10

Erster Nachweis von Gosauschichten in Griechenland

(Vermiongebirge)

Von M. MITZOPOULOS, Athen
(dzt. Paläontologisches Institut der Universität Wien)

Mit 3 Textabbildungen und 2 Tafeln

(Vorgelegt in der Sitzung am 16. Oktober 1958)

Mein leider zu früh verstorbener Freund, Dr. G. OEKONOMIDIS, Professor der Physischen Geographie an der Universität Thessaloniki, besuchte kurz vor dem letzten Weltkriege das Vermiongebirge in Nordostgriechenland. Dort fand er in der Nähe des Dorfes Exochi Fossilien, die er mir zur Bearbeitung übergab. Sie zeigten auf den ersten Blick, daß sie der Oberkreide angehören.

1. Die Kreideformation in Griechenland.

Von allen präneogenen Formationen ist in Griechenland die Kreide am weitesten verbreitet. Jura, Trias und Paläozoikum treten bloß inselartig innerhalb der allgemeinen Überdeckung mit Kalken der Kreidezeit auf. Unsere Kenntnis der Kreide in Griechisch-Nordmakedonien beruht hauptsächlich auf der Arbeit von K. OSSWALD 1938, deren ausgezeichnete Kartierung auch ein ziemlich klares Bild der Kreideverbreitung gibt.

OSSWALD beschreibt p. 50 auch das Vermiongebirge mit seiner nördlichen Fortsetzung bis zum Südwestrand der Moglena-Ebene bei Apsalos-Orma und die Höhen nordwestlich des Ostrowosees als eine riesige Kreidemasse. Sie ruht fast durchwegs auf Serpentin von jurassischem, vielleicht auch unterkretazischem Alter; im Nordwesten und Nordosten stößt sie mit tektonischem Kontakt an paläozoische und vorpaläozoische Gesteine. OSSWALD fährt am Ende seines Abschnittes über das Vermiongebirge fort: „Die ganzen inneren und höheren Teile des Gebirges sowie die Partien nordwestlich des Ostrowosees bestehen aus aschgrauem Oberkreidekalk mit Hippuriten und meist unbestimmbaren Gastropoden und Lamellibranchiern. Fast überall riecht der Kreidekalk — auch der mittelkretazische — beim Anschlagen nach Schwefelwasserstoff.“

Hippuritenkalke sind in Griechenland mehrfach erwähnt worden, so von Hilber, Philippson, Renz, Rudisten wurden von Klinghardt und Kühn beschrieben. Aber eine typische, alpine Gosauentwicklung ist nicht bekannt. Nur an der Westgrenze Griechenlands, südlich vom Prespasee, sind die dort verbreiteten bunten Kalke, Mergel und Kalkkonglomerate als „Gosaukreide“ in der geologischen Karte eingetragen. Nowack gibt diese auch für die westliche Fortsetzung in Ostalbanien an. Die Beschreibungen machen aber nicht den Eindruck echter Gosaufazies, wie noch zu erläutern sein wird.

2. Die Fauna von Exochi.

Das Dorf Exochi liegt 28 km südwestlich von Verria und ungefähr 18 km nordöstlich von Kozani. Das bearbeitete Material stammt aus dem Bett eines Baches zwischen Prophitis Elias und Kastron. Es ist aber keine Frage, daß diese fossilreichen Schichten weiter verbreitet sind, zumindestens im Vermiongebirge. Denn in den letzten Monaten sind auf Grund meiner Nachfrage von verschiedenen Seiten und von anderen Stellen des Vermiongebirges ganz ähnliche, z. T. sicher gleiche Fossilien eingelaufen.

Das Material ist leider nicht profilmäßig aufgesammelt. Es wird Aufgabe der vorgesehenen weiteren Untersuchungen sein, durch Aufsammlungen an Ort und Stelle und deren profilmäßige Verfolgung eine Feinstratigraphie der Schichten zu ermöglichen. Aufgabe der vorliegenden Arbeit ist es nur, die Übereinstimmung der Fauna mit den alpinen Gosauvorkommen zu zeigen und den Unterschied gegenüber der anderen, nicht in Gosaufazies ausgebildeten, südosteuropäischen Oberkreide. Denn es ist, wie schon Kühn 1933, p. 237, betont hat, nicht richtig, wenn vielfach jede fossilreiche, rudistenführende Oberkreide als Gosau bezeichnet wurde.

Die Bestimmung von Gosaufossilien erscheint leicht, wenn man die riesige Literatur dazu im Auge hat. Sie ist aber schwierig, weil die meisten Fossilgruppen seit nahezu hundert Jahren nicht mehr bearbeitet bzw. revidiert wurden. Eine Zusammenstellung und Kritik der Bestimmungsliteratur gab Kühn 1947, p. 182. Im vorliegenden Falle wurde die Bestimmung noch durch den schlechten Erhaltungszustand erschwert. Es handelt sich, bis auf die dickschaligen Rudisten und einige Korallen, um Steinkerne, die noch dazu meistens verdrückt sind. Die Verdrückung scheint nicht tektonischer Natur zu sein, da sie meistens bruchlos erfolgte, sondern synsedimentär, bei der Auflösung der Schale. Die mit Schale erhaltenen Rudisten sind nicht verdrückt, sondern zerbrochen.

Zu: M. Mitzopoulos, Erster Nachweis von Gosauschichten in Griechenland

Tafel 1.

Fig. 1: *Cunnolites tenuiradiatus* (From.) a) von oben, b) von unten, wenig verkleinert.

Fig. 2: *Plesiocunnolites subcircularis* (Oppenheim) Alloiteau. a) von oben, b) von unten, wenig verkleinert.

Fig. 3: *Plesiocunnolites macrostoma* (Reuss) Alloiteau. a) von oben, b) von unten, wenig verkleinert.

Alle Stücke stammen aus den Gosauschichten von Exochi. Originale im Geol.-pal. Institut der Universität Athen. Phot. Dr. F. Bachmayer.

Die vorliegende Fauna, deren Erweiterung in Zukunft zu erwarten ist, setzt sich aus folgenden Formen zusammen:

Anthozoa

Cunnolites tenuiradiatus (From.) All.,
Plesiocunnolites macrostoma (Reuss) All.,
Plesiocunnolites subcircularis (Opp.) All.,
Leptophyllia clavata Reuss.

Lamellibranchiata

Hippurites inaequicostatus Münster,
Hippurites sulcatus Defr.,
Hippurites praesulcatissimus Toucas.

Gastropoda

Ampullina (Pseudamaura) bulbiformis aperturata nov. subspec.,
Ampullina (Ampullina) aff. lyrata Sow.,
Aptyxiella (Acroptyxis) granulata (Münster),
Trochactaeon giganteus Sow.,
Trochactaeon cf. goldfussi d'Orb.

3. Palaeontologischer Teil.

Cunnolites tenuirardiatus (From.) m.

(Taf. 1, Fig. 1a—b)

1864 (*Cyclolites t.*) Fromentel, p. 344.
1870 (*Cyclolites t.*) Fromentel, tab.. 54.
1930 (*Cyclolites t.*) Oppenheim, p. 84, tab. 3, fig. 1—1a.
1954 (*Cyclolites t.*) Geczy, p. 32, 106, tab. 4, fig. 19.

8 Exemplare sind nur mit dieser Art zu vergleichen, die namentlich bei Oppenheim gut abgebildet ist. Sie ist bisher aus den Corbières bekannt, wurde von Oppenheim in einem einzigen Stück auch aus der alpinen Gosau und von Geczy aus Ungarn beschrieben. Ihr stratigrapisches Auftreten kann nicht enger als auf Senon eingeschränkt werden.

Plesiocunnolites subcircularis (Oppenheim) Alloiteau

(Taf. 1, Fig. 2a—b)

1930 (*Cyclolites ellipticus subcircularis*) Oppenheim, p. 82, tab. 2, fig. 2—7a, tab. 3, fig. 4—4a.

1957 (*Plesiocunnolites s.*) Alloiteau, p. 345, tab. 9, fig. 1, tab. 10, fig. 2, tab. 12, fig. 7—8, tab. 18 (non tab. 14!), fig. 10.

Arttypus: das von Oppenheim 1930, Taf. 2, Fig. 5—5a, abgebildete Exemplar. Geologisches Institut der Universität Jerusalem.

Diese sehr charakteristische Art liegt in 9 Exemplaren vor. Davon erreicht kein einziges die Größe von Oppenheims Taf. 2, Fig. 2. Die größten entsprechen etwa jenen auf Oppenheims Taf. 2, Fig 5, und Alloiteaus Figuren mit Durchmessern von 45—60 mm; dies dürfte die Durchschnittsgröße sein. Exemplare wie Oppenheims Taf. 2, Fig. 2, sind wohl nur seltene, senile Stücke. 4 Exemplare sind noch kleiner und entsprechen etwa Oppenheims Taf. 2, Fig. 6.

Alloiteau hat 1957, p. 345, ein Stück der Sorbonne von St. Sirac als Holotypus bezeichnet. Nach den I. R. N. muß aber der Arttypus (und daher auch der gleichgestellte Unterarttypus) aus dem Material der ersten Art- bzw. Unterartbestimmung gewählt werden, in diesem Falle aus dem Material Oppenheims.

Die Art ist bisher aus dem Senon der alpinen Gosauschichten und Frankreichs bekannt.

Plesiocunnolites macrostoma (Reuss) Alloiteau
(Taf. 1, Fig. 3a—b)

1854 (*Cyclolites m.*) Reuss, p. 122, tab. 22, fig. 8—10, tab. 23, fig. 4.
1860 (*Cyclolites m.*) Milne-Edwards, p. 46.
1903 (*Cyclolites m.*) Felix, p. 189.
1930 (*Cyclolites m.*) Oppenheim, p. 85, tab. 5, fig. 1—7a, tab. 10, fig. 4, tab. 12, fig. 5, tab. 22, fig. 6.
1954 (*Cyclolites m.*) Geczy, p. 14, 87, tab. 2, fig. 8, tab. 3, fig. 1, 3, 8, tab. 4, fig. 21, tab. 6, fig. 1—15.
1957 (*Plesiocunnolites m.*) Alloiteau, p. 336, Abb. 227.

Arttypus: das von Reuss 1854, Taf. 22, Fig. 8—10 abgebildete Exemplar (das andere zeigt abnormes Wachstum). Naturhistorisches Museum Wien, geol.-pal. Abt.

Etwa 20 Stück, die nach Vergleich mit Topotypen durchaus der von Reuss beschriebenen und in ihrer artlichen Stellung unbestrittenen Form gleichen. Ob die von Geczy 1954, Taf. 3, Fig. 3, und Taf. 6, Fig. 5 und 7, abgebildeten Stücke zu dieser Art gehören, erscheint mir fraglich; die Form weicht doch sehr von der normalen ab, und die Ausbildung der Septen ist auf den schlechten Abbildungen nicht zu sehen; jedenfalls ist die Differenz nicht nur auf das durch Einsinken in lockeres Sediment verursachte Höhenwachstum der Basis (wie etwa bei Reuss 1854, Taf. 23, Fig. 4) zurückzuführen.

Die Art ist bisher aus der alpinen Gosau, aus den Corbières in Frankreich, aus Ungarn und Rumänien bekannt.

Leptophyllia clavata (Reuss)

1854 (*Leptophyllia clavata*) REUSS, p. 101, tab. 6, fig. 3—6.
1854 (*Parasmilia bouéi*) REUSS, p. 88, tab. 7, fig. 16—17.
1854 (*Trochoseris lobata*) REUSS, p. 126, tab. 18, fig. 1—2.
1856 (*Leptophyllia clavata*) MILNE-EDWARDS, p. 295.
1903 (*Leptophyllia clavata* p. p.) FELIX, p. 200.
1930 (*Leptophyllia clavata*) OPPENHEIM, p. 136.

Arttypus: das von REUSS 1854, Taf. 6, Fig. 3—6, abgebildete Exemplar. Naturhistorisches Museum, geol.-pal. Abt.

Die vorliegenden vier Stücke stimmen mit dem Arttypus vollkommen überein.

ALLOITEAU hat 1957, p. 85, *Leptophyllia auct.* als *Acrosmilia*, Typus *Montlivaltia cernua* Mich. bezeichnet. An anderer Stelle spricht er aber davon, daß *Leptophyllia irregularis* Reuss und *Montlivaltia cernua* zwei verschiedenen Gattungen angehören, davon nur letztere zur Gattung *Acrosmilia*. Darnach verbleiben *Leptophyllia irregularis* und damit wohl auch die nahestehende *L. clavata* bei der Gattung *Leptophyllia*.

VAUGHAN &WELLS haben 1943, p. 131 als Gattungstypus von *Leptophyllia* die Art *clavata* Reuss bestimmt. Allerdings mit der Angabe „by monotypy", was wohl nicht stimmt. REUSS hat vielmehr gleichzeitig zwei Arten, *L. clavata* und *L. irregularis*, aufgestellt. Vielleicht sind VAUGHAN & WELLS davon ausgegangen, daß FELIX 1903 beide Arten mit noch einigen anderen unter dem Namen *L. clavata* vereinigt hat, so daß nur diese Art in der Gattung verblieb. Das war aber der (unrichtige) Zustand von 1903 und nicht jener von 1854. OPPENHEIM hat die beiden Arten wieder getrennt, und zwar mit Recht. Natürlich bleibt trotzdem die Tatsache bestehen, daß *L. clavata* zum Gattungstypus bestimmt wurde, wenn auch unter falschen Voraussetzungen.

Bezüglich der Zurechnung von *Parasmilia bouéi* und *Trochoseris lobata* zu dieser Art ist selbst ein so ausgezeichneter Kenner der Oberkreidekorallen wie OPPENHEIM nach Autopsie der Originale zu keiner Klarheit gekommen. Dazu wären eingehendere Untersuchungen mittels Schliffen, also mit Zerstörung der Originale, nötig, wozu sich auch OPPENHEIM nicht entschließen konnte.

Die Art ist nur in der alpinen Gosau bekannt, dort aber recht häufig.

Hippurites inaequicostatus Münster

1932 KÜHN, Fossilium-Catalogus, *54*, p. 52. Ibid. Lit.
1934 MILOVANOVIĆ, p. 194, Abb. 2.

1942 Kühn & Andrusov, p. 459, tab. 28, fig. 2, tab. 29.
1951 Pejović, p. 95, tab. 2, fig. 1.

Arttypus: das von Münster abgebildete Stück. Geolog. Institut der Universität Bonn a. Rh.

Eine breite und relativ niedrige Form, deren Unterklappe bis auf ein Stück von etwa 10 mm Höhe der Basis vollständig erhalten ist. Der erhaltene Teil hat noch 56 mm Höhe und einen größten Durchmesser von 60 × 43 mm; er ist also senkrecht zur Pfeilerregion zusammengedrückt, wie so häufig bei Hippuriten. Dies beweisen auch zahlreiche Bruchspuren. Die Schale zeigt, wie es auch Douvillé eingehend beschrieben hat, im unteren Teile kräftige

Abb. 1: *Hippurites inaequicostatus* Münst. Unterklappe, 17 mm unter der Kommissur geschnitten, daher die relativ kleine Wohnkammer. Zähne und Muskelsockeln nicht erhalten.

Rippen, die unten schmal beginnen und bei etwa 2 mm Breite ihre größte Stärke erreichen. Der an der Basis fast gar nicht verengte Analpfeiler weicht etwas von Toucas' Abbildung ab und entspricht am ehesten dem Stück aus der Brianza, das Douvillé Taf. 30, Fig. 5, abgebildet hat, der Kiemenpfeiler dagegen mehr Douvillés Taf. 30, Fig. 3. Eine gewisse Ähnlichkeit ist dadurch zu *H. boehmi* Douv. gegeben, dem der *H. inaequicostatus* ja überhaupt nahesteht. Leider sind die Zähne und Muskelsockel nicht erhalten.

H. inaequicostatus ist bisher aus den Alpen, Karpathen und Dinariden bekannt, und zwar aus dem Ober-Santon. Die Angabe Campan im Fossilien-Catalogus, die auf Douvillé und Toucas zurückgeht, ist nach Mitteilung von Prof. Kühn unrichtig.

Hippurites sulcatus Defrance

1932 Kühn, Fossilium-Catalogus, *54*, p. 68. Ibid. Lit.
1932 Astre, p. 77.

Arttypus: das von DEFRANCE abgebildete Stück. Wenn erhalten, im Naturhistorischen Museum der Universität Caen.

Ein gekrümmtes und stark beripptes Stück, das vollständig solchen aus Brandenberg in Tirol und von der Ruine Starhemberg bei Piesting, N.-Ö., gleicht.

Oberklappe und Anwachsstelle sind nicht erhalten, die gemessene Höhe von 76 mm bleibt also unter der wirklichen. Der Durchmesser von 43×55 mm dürfte dagegen auch am Oberrande nicht größer gewesen sein, da die Schale oben zylindrisch wird. Zähne und Muskelapophysen sind gut erhalten, die Schale ist dicht von Cliona- (Vioa-)gängen durchbohrt.

Abb. 2: *Hippurites sulcatus* Defr. Unterklappe, weit unter der Kommissur, etwas schräg, am Schloßrand höher, am linken Rand tiefer geschnitten, daher nur der kleine hintere Zahn und der hintere Muskelsockel getroffen. Rechts Bruchstelle mit Verschiebung der Schalenränder.

H. sulcatus ist, wie die reichlich differierenden Abbildungen in der Literatur zeigen, eine sehr variable Art; Versuche, sie in Unterarten zu zerlegen, hatten bisher keinen Erfolg.

Sie ist auf das Obersanton beschränkt. Die Angabe von DOUVILLÉ: Untercampan, die auch in den Fossilium-Catalogus übergegangen ist, stimmt nach Mitteilung von Prof. KÜHN nicht. Die Unterart *H. sulcatus maestrichtiensis* ist aus diesem Formenkreis auszuscheiden, da sie, wie die Untersuchung des Originals ergab, zu *H. lapeirousei* gehört.

Die Art ist bis jetzt von Katalonien, Frankreich, den Ostalpen, aus Istrien und Ungarn bekannt.

Hippurites praesulcatissimus Toucas

(Taf. 2, Fig. 1, Abb. 3)

1932 KÜHN, Fossilium-Catalogus, *54*, p. 61. Ibid. Lit

Arttypus: das von TOUCAS 1903, Taf. 7, Fig. 4, abgebildete Stück. Paris, Sorbonne, Laboratoire de Géologie.

Ein kleines Exemplar, das zunächst sehr dem *H. sulcatissimus* von DOUVILLÉ 1894, Taf. 20, Fig. 7, ähnelt. Es ist von ihm eigentlich nur durch den längeren und stärker verschmälerten Ligamentpfeiler unterschieden, durch den auch der hintere Zahn weiter gegen den Rand zu liegen scheint. Da die Variabilität in Rückbildung begriffener Organe, wie der Ligamentpfeiler der Rudisten eines darstellt, stets bedeutend ist, dürfte die Selbständigkeit der erst durch TOUCAS von *H. sulcatissimus* abgetrennten Art *praesulcatissimus*

Abb. 3: *Hippurites praesulcatissimus* T. Unterklappe, knapp unter der Kommissur geschnitten, gerade durch den hinteren Muskel. Der hintere Muskelsockel daher auf der Photographie nicht sichtbar, auf der Zeichnung ergänzt.

ziemlich fraglich sein. Pfeiler und Zähne sind gut erhalten. Auffällig ist die Größendifferenz zwischen vorderem und hinterem Zahn, wie sie auch die Figuren bei DOUVILLÉ und TOUCAS zeigen und wie sie bei wenigen Arten derartige Ausmaße annimmt. Dabei wurde mein Stück genau in der Ebene der Zuwachsstreifen geschnitten.

H. praesulcatissimus T. ist bisher nur aus dem oberen Santon von Frankreich bekannt; auch *H. sulcatissimus* gehört demselben Horizont an. Ziemlich wahrscheinlich gehört auch der „*H. canaliculatus*“ bei RENGARTEN 1950, p. 47, Taf. 8, Fig. 2a—b, Abb. 20, aus Kurdistan zu dieser Art. In seinen Abbildungen sind zwar weder Zähne noch Muskelsockel zu sehen. Taf. 8, Fig. 2a, zeigt aber in den beiden größten Querschnitten Spuren derselben in einer steil gegen den Ligamentpfeiler gerichteten Anordnung, wie sie für *H. sulcatissimus* und *praesulcatissimus* bezeichnend ist, nicht die für *H. canaliculatus* charakteristische randliche Anordnung. Die Form der Schale und der Pfeiler sind ja in beiden Gruppen gleich.

Aptyxiella (Acroptyxis) granulata (Münster)

1844 (*Nerinea g.*) MÜNSTER in GOLDFUSS, p. 47, tab. 177, fig. 6.
1852 (*Nerinea g.*) ZEKELI, p. 38, tab. 5, fig. 6.

1853 (*Nerinea g.*) Reuss, p. 13.
1865 (*Nerinea g.*) Stoliczka, p. 133.

Arttypus: das von Münster 1844 abgebildete Stück. Staatliche Sammlung für Paläontologie und historische Geologie, München.

Außer zwei kleinen Bruchstücken, von denen das größere eine Höhe von 21 mm, das andere eine solche von 15 mm besitzt, liegt noch ein Gesteinsstück vor, das neben einem kleinen Cycloliten, von dem nur die Unterseite sichtbar ist, noch mehrere Exemplare der *Aptyxiella* enthält. Durch Behandlung mit Kalilauge wurde ein größeres Bruchstück freigelegt, das immerhin eine Höhe von 80 mm aufweist. Seine Schale ist teilweise in Kalzit umgewandelt, die unteren Windungen sind leider vollständig pyritisiert. An den besser erhaltenen Teilen kann man Sutur und Skulptur, wie sie die Figur zeigt, mit der Lupe erkennen. Sie stimmen befriedigend mit den Beschreibungen und Abbildungen der oben genannten Art überein.

Sie ist bisher nur aus den Gosauschichten der Ostalpen, und zwar wahrscheinlich nur aus dem oberen Santon bekannt.

Gyrodes aff. tenellus Stoliczka.

1868 Stoliczka, p. 306, tab. 22, fig. 14.

Arttypus: das von Stoliczka abgebildete Stück. Geol. Survey of India, Calcutta.

Sechs Exemplare ähneln nur *Gyrodes tenellus*, sie sind aber durchwegs kleiner. Schlechte Erhaltung und Verdrückung aller Exemplare machen eine sichere Bestimmung unmöglich.

Zudem ist Stoliczkas Art nur aus Indien mit einer enormen zeitlichen Verbreitung bekannt.

Ampullina (Pseudamaura) bulbiformis aperturata nov. subspec.

(Taf. 2, Fig. 3)

Unterarttypus: das abgebildete Exemplar. Institut für Geologie und Paläontologie der Universität Athen.

Diagnose: Von *A. bulbiformis bulbiformis* Sowerby 1831 durch niedrigere und im unteren Teil der Spira stärker gewölbte Windungen sowie in der unteren Hälfte stark erweiterte Mündung unterschieden.

Maße des Typus:

Höhe	66,3 mm
Größter Durchmesser	42,0 mm
Höhe der Mündung	39,3 mm
Größte Breite der Mündung	23,2 mm
Höhe der Spira	12,0 mm

Natica bulbiformis Sow. blieb als Art ziemlich unbestritten, hat aber ihre generische Stellung wiederholt gewechselt. Neuerdings hat sie Frau G. TERMIER-DELPEY 1954, p. 330, zu *Tylostoma* gestellt. Ich konnte aber an Topotypen, wie an allen Abbildungen keine Spur der für diese Gattung bezeichnenden varices wahrnehmen. Dagegen entspricht die Art durchaus der Gattungsstellung von WENZ.

Die oben erwähnten Unterschiede der neuen Unterart gegenüber der typischen beruhen nicht etwa auf Verdrückung, sondern sind bei allen intakten, erwachsenen Exemplaren sichtbar. Die wenigen Jugendstadien sind dagegen schmäler und ähneln, auch in der Mündungsform, mehr der typischen Form. Auch die ersten Windungen erwachsener Exemplare zeigen die schlankere, höhere Gestalt in der oberen Spira; erst nach abwärts zu werden sie niedriger und gewölbter. Sehr auffällig ist die Mündung der neuen Unterart. Sie setzt oben normal an, weitet sich aber nach etwa einem Viertel der Mündungshöhe bedeutend aus, so daß der Außenrand einen z-förmigen Verlauf erhält.

A. bulbiformis borealis Frech (1887, p. 188, tab. 15, fig. 5—7; vgl. auch MERTIN 1939, p. 198, tab. 4, fig. 6) aus der Oberkreide Mitteldeutschlands unterscheidet sich von unserer Unterart durch weitaus niedrigere Spira und oben breitere Mündung.

Bei einigen Exemplaren sieht man deutlich die dem Außenrande parallelen Zuwachsstreifen, an einem Exemplar auch eine rotviolette Färbung, wie sie von DOUVILLÉ bei *Plagioptychus* und bei den meisten Fällen angeblich erhaltener natürlicher Färbung beschrieben wurde. Andere Stücke zeigen Bohrspuren von *Cliona*, wieder andere sind verdrückt, und zwar teilweise senkrecht, teilweise schräg zur Achse.

Die neue Unterart ist nur vom Locus typicus bekannt. Die Art selbst hat dagegen eine große Verbreitung; außer in den alpinen Gosauschichten ist sie auch von Portugal (CHOFFAT), Frankreich (D'ORBIGNY, D'ARCHIAC, TERMIER), Deutschland (FRECH, STURM, MERTIN), Ostserbien (PASIĆ) und Indien (STOLICZKA) beschrieben.

Fig. 1: *Hippurites praesulcatissimus* TOUCAS, Querschliff. Wenig verkleinert.
Fig. 2: *Trochactaeon giganteus* (SOWERBY), wenig verkleinert.
Fig. 3: *Ampullina (Pseudamaura) bulbiformis aperturata* nov. subspec., wenig verkleinert.
Fig. 4: *Ampullina (Ampullina) aff. lyrata* (SOWERBY). Etwa zweimal vergrößert.

Alle Stücke stammen aus den Gosauschichten von Exochi. Originale im Geol.-pal. Institut der Universität Athen. Phot. Dr. F. BACHMAYER.

Ampullina (Ampullina) aff. lyrata Sow.

(Taf. 2, Fig. 4)

1831 (*Natica l.*) SOWERBY, tab. 38, fig. 11.
1842 (*Natica l.*) D'ORBIGNY, p. 161, tab. 172, fig. 5.
1852 (*Natica l.*) ZEKELI, p. 47, tab. 8, fig. 5.
1852 (*Natica semiglobosa*) ZEKELI, p. 47, tab. 8, fig. 6.
1858 (*Euspira lirata*) STOLICZKA, p. 303, tab. 22, fig. 2.
1896 (*Natica lirata*) COSSMANN, p. 261, tab. 2, fig. 8, 11.
1951 (*Natica l.*) PASIĆ, p. 60, tab. 1, fig. 5—5a.
1954 (*Ampullina l.*) TERMIER, p. 334, Abb. 19—20.

Arttypus: das von SOWERBY abgebildete Stück. British Museum Nat. Hist. London.

Die vorliegenden 7 Stücke entsprechen außer ihrer etwas geringeren Größe vollkommen den Abbildungen von SOWERBY und ZEKELI sowie Topotypen und zahlreichen Exemplaren von anderen Lokalitäten der alpinen Gosau, besonders von Piesting und der Einöd bei Baden, wo diese Art recht häufig ist. Ein etwas größeres Stück ist stark verdrückt, daher nicht sicher identifizierbar. Die meisten gleichen auch der rechten Abbildung bei TERMIER 1954, p. 335; der linken, die sich durch breitere Mündung unterscheidet, gleichen nur zwei Stücke, während drei weitere eine noch breitere, nach außen-abwärts ausgezogene Mündung zeigen. Ich bezeichne diese Formen nur als *aff. lyrata*, weil mir aus alpinen Gosauschichten ganz gleiche Formen vorliegen, jedoch ohne Übergänge zur typischen *A. lyrata*, so daß es sich möglicherweise um neue Unterarten handelt.

Ampullina lyrata Sow. ist aus den Alpen, Frankreich, Serbien und Südindien bekannt.

Trochactaeon giganteus Sow.

(Taf. 2, Fig. 2)

1831 (*Tornatella gigantea*) SOWERBY, p. 418, tab. 38, fig. 9.
1842 (*Actaeonella g.*) D'ORBIGNY, p. 109, tab. 165, fig. 1.
1844 (*Tornatella g.*) MÜNSTER, p. 46, tab. 177, fig. 12.
1844 (*Tornatella subglobosa*) MÜNSTER, p. 47, tab. 177, fig. 13a—b.
1852 (*Actaeonella g.*) ZEKELI, p. 39, tab. 5, fig. 8.
1901 (*Trochactaeon g.*) CHOFFAT, p. 113, tab. 1, fig. 20.
1951 (*Actaeonella g.*) PASIĆ, p. 70, tab. 2, fig. 5.

Arttypus: das von SOWERBY abgebildete Stück. British Museum Nat. Hist. London.

5 Exemplare, deren Dimensionen aber hinter jenen aus den Alpen und Ostserbien etwas zurückbleiben. Das abgebildete Stück

hat 60 mm Höhe und 45 mm Breite. Die Oberfläche ist vollkommen glatt, Zuwachsstreifen sind nicht zu sehen. Einige Stücke zeigen am letzten Umgang und nur auf diesem Bohrspuren von *Cliona*. Die Schale ist dick, aufgeblasen. Sie besteht aus mehreren eng gedrängten Windungen, deren letzte die älteren fast ganz umhüllt. Die Windungen sind oben wesentlich breiter und laufen nach unten spitz zu. Diese obere Verbreiterung, Abflachung der Form, die rasche Breitenzunahme der Windungen und die niedrige, enge Spira sind bezeichnend für die Art, während sie die enge Mündung und die breiten, kräftigen Falten mit anderen gemeinsam hat.

Trochactaeon giganteus Sow., in der Literatur meistens *Actaeonella gigantea* genannt, ist bisher aus den Alpen, aus Portugal, Frankreich und Serbien bekannt.

Trochactaeon cf. goldfussi d' Orb.

1844 (*Tornatella lamarcki*) Münster, p. 46, tab. 177, fig. 10.
1852 (*Actaeonella lamarcki*) Zekeli, p. 40, tab. 6, fig. 4—5.
1852 (*Actaeonella obtusa*) Zekeli, p. 41, tab. 7, fig. 7.
1852 (*Actaeonella elliptica*) Zekeli, p. 41, tab. 6, fig. 7.
1852 (*Actaeonella glandiformis*) Zekeli, p. 43, tab. 7, fig. 9c.
1853 (*Actaeonella goldfussi*) Reuss, p. 14.
1865 (*Actaeonella gigantea* p. p.) Stoliczka, p. 139.

Arttypus: das von Münster abgebildete Stück. Staatl. Sammlung für Paläontologie und histor. Geologie, München.

Ein einziges Bruchstück des griechischen Materialas gehört wohl zu dieser Art. Es zeigt aber weder die Mündung noch die Falten, da die letzte Windung fehlt; daher ist eine sichere Identifizierung unmöglich. Auch sind Umfang und Taxonomie der Art selbst unsicher; so fassen sie Zekeli, Reuss und Stoliczka ganz verschieden weit auf.

Die Art wurde bisher nur aus den Alpen genannt, doch mögen manche der in der Literatur als *Actaeonella gigantea* und *A. lamarcki* aufgezählten Formen hierher gehören.

Die nachstehende Tabelle gibt nur das Bild eines, allerdings sicher des auffälligsten Teiles der Oberkreideschichten des Vermiongebirges; Aufgabe weiterer Untersuchungen wird die Ergänzung nicht nur der Fossilliste, sondern auch der Schichtfolge sein. Daß es sich um echte Gosauschichten handelt, ist aber bereits jetzt klar. Von den 13 Arten haben nur 2 keine nahen Verwandten in den alpinen Gosauschichten. Von den 9 sicher bestimmten Formen sind 8 aus der Gosau bekannt, davon 2 nur von dort, 3 auch aus Jugoslawien, 4 aus Ungarn, 6 aus Frankreich, 2 aus Portugal. Von den

4 fraglichen Formen (cf. oder aff. bestimmt und die neue Unterart) haben 3 ihre nächsten Verwandten in den Gosauschichten.

4. Stratigraphisch-chorologische Bemerkungen.

+ = selbe, o = verwandte Art kommt vor	Alpine Gosau	Frankreich	Ungarn, Rumän.	Jugoslawien	Indien
Cunnolites tenuiradiatus (From.) ...	+	+	+		
Plesiocunnolites macrostoma (Reuss).	+	+			
Plesiocunnolites subcircularis (Opph.)	+	+	+		
Leptophyllia clavata Reuss	+				
Hippurites inaequicostatus Münst. ..	+		+	+	
Hippurites sulcatus Defr..........	+	+	+	+	
Hippurites praesulcatissimus T.		+			
Aptyxiella granulata Münst.	+				
Gyrodes aff. tenellus Stol...........					+
Ampullina bulbiformis aperturata n. ssp......................	o	o		o	o
Ampullina aff. lyrata Sow.	o	o		o	
Trochactaeon giganteus Sow.	+	+		+	
Trochactaeon cf. goldfussi d'Orb. ...	o				

Die stratigraphische Stellung ist durch alle Formen als Senon gesichert; die 3 Hippuriten und die *Aptyxiella* sind auf das obere Santon beschränkt, die übrigen Fossilien weisen nach bisheriger Kenntnis nicht auf einen bestimmten Horizont des Senons, sondern können zwischen Coniac und unterem Maastricht in allen Lagen auftreten. Trotzdem möchte ich sie nicht etwa alle auf Obersanton beziehen. Denn in den meisten (wenn auch nicht allen) Gosauvorkommen folgt auf die hippuritenführende Schicht des Obersantons das Untercampan mit reichlich Actaeonellen (*Trochactaeon*), Nerineen (*Aptyxiella*) und Ampullinen, also mit leicht brackischem Einschlag. Auch die auffällige Tatsache, daß in dem griechischen Vorkommen relativ viele Formen kleiner sind als in sonstigen Ablagerungen (*Gyrodes, Ampullina aff. lyrata, Trochactaeon giganteus*) deutet auf ungünstigere Lebensbedingungen, also auf brackischen Einschlag, der wohl mit der von Kühn als allgemein angenommenen Regression des Untercampan zusammenhängt. Bezeichnend ist, daß die stenohalinen Korallen und Hippuriten alle normale Größe besitzen.

Der Charakter als echte Gosauschichten wird also nicht nur durch paläontologische, sondern auch durch fazielle Gründe belegt.

Vorliegende Arbeit wurde im Paläontologischen Institut der Universität Wien durchgeführt. Für Hilfe bei der Durchsicht von

Typen und Vergleichsmaterial sowie von Literatur am Naturhistorischen Museum in Wien bin ich den Herren Prof. Dr. H. Zapfe und Dr. F. Bachmayer, letzterem außerdem für die Herstellung der Photos, zu Dank verpflichtet.

Literatur.

Alloiteau, J., 1957: Contribution à la systématique des Madréporaires fossiles. Centre nat. rech. sci., 462 S., 20 Taf. Paris.

d'Archiac, V., 1854: Coupe géologique des environs de Renne (Aude), suivi de la description de quelques fossiles de cette localité. — Bull. Soc. géol. France (2) *11*, 185—230, Taf. 1—6. Paris.

Astre, G., 1932: Les faunes de Pachyodontes de la province Catalane entre Ségre et Fraser. — Bull. Soc. Hist. nat. *64*, 31—154, Taf. 1—8. Toulouse.

Choffat, P., 1901: Receuil d'études paléontologiques sur la faune crétacique du Portugal, *1*. 171 S., 17 Taf. Lissabon.

Cossmann, M., 1896: Essays de Paléoconchologie comparée, fasc. 2. Paris.

Douvillé, H., 1891—97: Etudes sur les Rudistes. — Mém. Soc. géol. France, Pal. *1—6*, Mém. Nr. 6. 230 S., 34 Taf. Paris.

Felix, J., 1903: Die Anthozoen der Gosauschichten in den Ostalpen. — Palaeontographica *49*, 163—359, Taf. 17—25. Stuttgart.

de Fromentel, E., 1862—87: Paléontologie française, Terrains crétacés *7*, Zoophytes. 624 S., 192 Taf. Paris.

Geczy, B., 1954: Studien über Cycloliten. — Geologica Hungarica (Pal.) *24*. 180 S., 10 Taf. Budapest.

Goldfuss, A., 1834—40: Petrefacta Germaniae. 168 S., 51 Taf. Düsseldorf.

Kühn, O., 1932: Rudistae. — Fossilium Catalogus *54*, 200 S. Berlin.

— 1933: Rudistenfauna und Kreideentwicklung in Anatolien. — Neues Jahrb. f. Min. usw., Beil.-Bd. *70*, 227—250, Taf. 9—10. Stuttgart.

— 1947: Zur Stratigraphie und Tektonik der Gosauschichten. — S. B. österr. Akad. Wiss., math.-nat. Kl. *156*, 181—200. Wien.

— 1949: Rudisten aus Griechenland. — Neues Jahrb. f. Min., Beil.-Bd. *89*, 167—194, Taf. 27. Stuttgart.

Kühn, O., und Andrusov, D., 1942: Rudistenfauna und Kreideentwicklung in den Westkarpathen. — Neues Jahrb. f. Min. usw., Beil.-Bd. *86*, 450—480, Taf. 28—30. Stuttgart.

Milne-Edwards, H., et Haime, J., 1860: Histoire naturelle des coralliaires *3*. 560 S. Paris.

Milovanović, B., 1934: Les Rudistes de la Yougoslavie *1*. — Ann. géol. Péninsule Balkanique *12*, 178—254. Beograd.

Oppenheim, P., 1930: Die Anthozoen der Gosauschichten in den Ostalpen. — 604 S., 48 Taf. Berlin.

Osswald, K., 1938: Geologische Geschichte von Griechisch-Nordmakedonien. — Denkschr. geol. Landesanst. Griechenland *3*. 141 S., 10 Taf., 4 Karten. Athen.

Pasić, M., 1951: La faune à Gasteropodes dans la base de la couche V du charbon à Kukuljas, mine de Rtanj. — Ann. géol. Péninsule Balkanique *19*, 74—76, Taf. 1—3. Beograd.

PEJOVIĆ, D., 1951: Several Rudistes from the Senonian sediments in the surroundings of Pirot. — Sbornik Geol. Institut *16*, 91—97, Taf. 1—3. Beograd.

RENGARTEN, V. P., 1950: Rudistenfauna der Kreide des Kaukasus. — Trudy geol. Inst. Akad. Nauk SSSR (Geol.) *130*, Nr. 51. 92 S., 16 Taf. Moskau-Leningrad.

REUSS, A. E., 1853: Kritische Bemerkungen über die von Herrn Zekeli beschriebenen Gasteropoden der Gosaugebilde der Ostalpen. — S. B. Akad. Wiss., math.-nat. Kl. *11*, 882—926, 1 Taf. Wien.

— 1854: Beiträge zur Charakteristik der Kreideschichten in den Ostalpen, besonders im Gosauthale und am Wolfgangsee. — Denkschr. Akad. Wiss., math.-nat. Kl. *7*, 1—157, Taf. 1—31. Wien.

SOWERBY, J., in A. SEDGWICK & R. J. MURCHISON, 1831: A sketch of the structure of the eastern Alps. — Trans. geol. Soc. (2) *3*, 359—360, Taf. 37. London.

STOLICZKA, F., 1865: Revision der Gastropoden der Gosauschichten in den Ostalpen. — S. B. Akad. Wiss., math.-nat. Kl. *52*, 104—223. Wien.

— 1868: The Gastropoda of the cretaceous rocks of southern India. — Palaeontologia Indica (5) *2*. 498 S., 28 Taf. Calcutta.

TERMIER-DELPEY, G., 1954: Gasteropodes du Crétacé supérieur dans le sud-ouest de la France, II. — Bull. Soc. Hist. nat. *89*, 323—382. Toulouse.

VAUGHAN, T. W., and WELLS, J. W., 1943: Revision of the suborders, families and genera of the Scleractinia. — Spec. Papers Geol. Soc. America *44*. 363 S., 51 Taf. Baltimore.

WENZ, W., 1938—44: Gastropoda. — Handb. d. Palaeozoologie. 1639 S. Berlin.

ZEKELI, F., 1852: Die Gastropoden der Gosaugebilde. — Abh. geol. Reichsanst. *1*, Nr. 2. 124 S., 24 Taf. Wien.

Die in den Sitzungsberichten Abtlg. I und Abtlg. IIa der math.-nat. Klasse der Österr. Ak. d. Wiss. erscheinenden Abhandlungen werden auch einzeln abgegeben. Sie können durch jede Buchhandlung oder direkt durch die Auslieferungsstelle der Österreichischen Akademie der Wissenschaften (Wien I, Singerstraße 12) bezogen werden.

Nachfolgende Abhandlungen aus dem Fache Botanik (Biologie) sind erschienen:

1953 (S I Bd. 162):

Loub W.: Zur Algenflora der Lungauer Moore (mit 3 Textabbildungen). S 22.90

Wimmer Ch., und Höfler K.: Über die Eigenfluoreszenz lebender, absterbender und toter Florideenzellen (mit 3 Textabbildungen). S 9.60

Diskus A.: Vom Osmoseverhalten halophiler Euglenen vom Neusiedler See (mit 8 Tafeln). S 8.50

1954 (S I Bd. 163):

Kiermayer O.: Die Vakuolen der Desmidiaceen, ihr Verhalten bei Vitalfärbe- und Zentrifugierungsversuchen (mit 23 Textabbildungen), 48 Seiten. S 32.30

Loub W., Url W. Kiermayer O., Diskus A., und Hilmbauer K.: Die Algenzonierung in Mooren des österreichischen Alpengebietes (mit 1 Textabbildung und 3 Tafeln), 48 Seiten. S 26 70

Luhan Maria: Zur Wurzelanatomie unserer Alpenpflanzen III. Gentianaceae (mit 4 Textabbildungen und 1 Tafel), 19 Seiten. S 14.90

Poelt J.: Moosgesellschaften im Alpenvorland I (mit 3 Textabbildungen), 34 Seiten. S 15.10

Poelt J.: Moosgesellschaften im Alpenvorland II (mit 1 Textabbildung), 45 Seiten. S 26.50

Scheidl W.: Auslösung von Vakuolenkontraktion durch undissoziierte Basen (mit 12 Textabbildungen und 15 Diagrammen), 44 Seiten. S 28.—

Schiller J.: Über Cyanophyceen aus kleinen künstlichen Wasserbecken und aus dem Ruster Kanal des Neusiedler Sees (mit 17 Textabbildungen [49 Einzelbilder]), 31 Seiten. S 23.40

1955 (S I Bd. 164):

Hölzl J.: Über Streuung der Transpirationswerte bei verschiedenen Blättern einer Pflanze und bei artgleichen Pflanzen eines Bestandes (mit 8 Textabbildungen). S 40.—

Huber Elfriede: Vitalfärbungsversuche an Hochmooralgen mit leeren und vollen Zellsäften (mit 13 Abbildungen auf 3 Tafeln). S 36.40

Kiermayer O.: Über die Reduktion basischer Vitalfarbstoffe in pflanzlichen Vakuolen (mit 4 Tafeln und 1 Farbtafel). S 25.20

Loub W.: Algenbiozönosen des Neusiedler Sees (mit 9 Textabbildungen). S 22.—

Url W.: Resistenz von Desmidiaceen gegen Schwermetallsalze (mit 8 Abbildungen auf 2 Tafeln). S 23.—

Ziegler Annemarie: Die blau fluoreszierenden Idioblasten der Scrophulariaceen: Morphologie, Mikrochemie und Vitalfärbbarkeit (mit 19 Abbildungen im Text und auf 3 Tafeln). S 46.90

1956 (S I Bd. 165):

Abel W. O.: Die Austrocknungsresistenz der Laubmoose (mit 14 Abbildungen im Text und auf 5 Tafeln). S 73.30

Fetzmann Elsa Leonore: Beitrag zur Algensoziologie (mit 3 Textabbildungen, 4 Tafeln und 1 Beilage). S 73.60

Lenk Ingeborg: Vergleichende Permeabilitätsstudien an Süßwasseralgen (Zygnemataceen und einige Chlorophyceen) (mit 7 Textabbildungen). S 83.60

Sperlich A.: Die Fortpflanzungstüchtigkeit (Phyletische Potenz) des Fremdbefruchters. Nach Versuchen mit drei Formen des Alectorolohus hirsutus (Lam.) Alb. S 58.90

1957 (S I Bd. 166):

Politis J.: Über die „Tanninoplasten" oder Gerbstoffbildner der Crassulaceae (mit 2 Textabbildungen und 1 Tafel). S 6.—

Politis J.: Über einen neuen Pflanzenfarbstoff in den Blüten einiger Verbascum-Arten (mit 2 Tafeln). S 5.20

Übeleis Ilse: Osmotischer Wert, Zucker- und Harnstoffpermeabilität einiger Diatomeen (mit 1 Textabbildung). S 30.40

1958 (S I Bd. 167):

Höfler Karl: Permeabilitätsstudien an Parenchymzellen der Blattrippe von Blechnum spicant (mit 5 Textabbildungen). S 45.—

Rechinger K. H., Dulfer H. und Patzak A.: Sirjaevii fragmenta astragalogica IV. S 38.10

Url Walter: Zur Wirkung der Atmungsgifte Natriumazid und Dinitrophanol auf die Permeabilität von Blechnum spicant-Zellen (mit 3 Textabbildungen). S 25.—

Wawrik Friederike: Hochgebirgs-Kleingewässer im Arlberggebiet III (mit 3 Textabbildungen und 1 Tafel). S 18.90

GPSR Compliance
The European Union's (EU) General Product Safety Regulation (GPSR) is a set of rules that requires consumer products to be safe and our obligations to ensure this.

If you have any concerns about our products, you can contact us on

ProductSafety@springernature.com

In case Publisher is established outside the EU, the EU authorized representative is:

Springer Nature Customer Service Center GmbH
Europaplatz 3
69115 Heidelberg, Germany

www.ingramcontent.com/pod-product-compliance
Ingram Content Group UK Ltd.
Pitfield, Milton Keynes, MK11 3LW, UK
UKHW021928190726
13853UKWH00002B/920
* 9 7 8 3 6 6 2 2 3 7 2 2 9 *